LA
CRISE AGRICOLE

PAR

A. HILLON

ANCIEN PROCUREUR DE LA RÉPUBLIQUE

SECRÉTAIRE PARTICULIER DU DIRECTEUR

DE LA COMPAGNIE DES CHEMINS DE FER DU NORD DE L'ESPAGNE

MADRID
EST. TIP. «SUCESORES DE RIVADENEYRA»
Paseo de San Vicente, núm. 20

1886

LA CRISE AGRICOLE

LA

CRISE AGRICOLE

PAR

A. HILLON

ANCIEN PROCUREUR DE LA RÉPUBLIQUE

SECRÉTAIRE PARTICULIER DU DIRECTEUR

DE LA COMPAGNIE DES CHEMINS DE FER DU NORD DE L'ESPAGNE

MADRID

EST. TIP. «SUCESORES DE RIVADENEYRA»

Paseo de San Vicente, núm. 20

1886

LA CRISE AGRICOLE.

Parmi les nombreuses et difficiles questions qui préoccupent aujourd'hui tous ceux qui ont le souci des intérêts sociaux, au milieu des terribles crises commerciales, industrielle et agricole qui sévissent sur l'ancien et le nouveau monde, il importe croyons-nous, de se préoccuper avant tout de la crise agricole; car le blé étant la base de l'alimentation, le grand producteur du charbon de la vie humaine, intéresse particulièrement tous les individus et toutes les classes de la société, sans distinction.

La production du pain et de la viande renferme en effet le plus puissant ressort de vitalité de la société. Ces deux aliments constituent, peut on dire, la clef de l'existence, et ce fait est tellement vrai que la diminution seule de cette production amène toujours un désordre profond dans l'équilibre social: la misère, la souffrance et les privations accablent le pauvre, l'ouvrier et le paysan, et cet état de choses entraîne la décadence physique et morale de l'individu.

Telles sont les conséquences d'une diminution dans la production du blé et dans l'élevage du bétail. On pourrait se demander quelle est, de ces deux causes, celle qui occasiònne la crise agricole, la manifeste ostensiblement et amène dans l'équilibre social le désordre dont nous venons de parler? Nous croyons qu'il convient de dire que les deux causes doivent se trouver et se trouvent en effet toujours réunies. Cependant, il nous paraît juste d'ajouter, comme un élément de précision et de vérité, que c'est la diminution du blé qui fait toujours éclater la crise et qui en donne le signal. Il est en effet un principe vrai en matière agricole, c'est que tant que l'élevage du bétail est prospère, tant que l'agriculteur nourrit un nombreux bétail, il peut féconder ses terres, les amender considérablement avec les engrais que ce bétail lui procure, enfin exiger et obtenir ainsi d'elles des rendements supérieurs en céréales. Ce principe est incontestable et nous pouvons en conclure que, dans cette situation, l'agriculteur produira toujours la quantité de blé nécessaire à la consommation; car si des intempéries viennent quelquefois abaisser le niveau de sa récolte, cet effet sera peu sensible, la plante, qui a germé dans un terrain bien amendé, résistant vigoureusement aux intempéries, et au surplus, les bonnes années fournissant un excédant qui compense les pertes des années moins bonnes. On peut donc affirmer que tant que l'élevage du bétail est dans un état prospère, la production du blé ne diminue pas; mais au contraire, lorsque l'élevage du bétail n'est plus pratiqué, les terres non pourvues d'engrais et épuisées ne produisent plus que peu de céréales et c'est alors que la crise agricole éclate. En conséquence, la diminution du bétail précède et amène la diminution des céréales, qui est le signal de la crise. Nous n'insisterons pas davantage sur ce côté de la question, car il importe d'aborder immédiatement l'examen de la crise agricole qui frappe aujourd'hui les pays de l'ancien et du nouveau monde, et qui se distinguerait de la précédente, en ce qu'elle aurait pour cause la concurrence étrangère.

La concurrence étrangère ! Ce n'est pas la première fois que les adversaires de l'équilibre entre la production et la consommation arborent cette bannière. En 1859 et en 1865 les prix du blé avaient baissé, et MM. Thiers et Pouyer-Quertier, obéissant à un sentiment de panique, peignaient à l'Assemblée Législative sous les plus sombres et les plus effrayantes couleurs, les importations de blés de Russie. Il ne s'agissait pas de quelques quintaux, c'étaient des montagnes de blé transportées jusqu'aux rives des grands fleuves, sur des chars construits avec des branchages de sapin. Or peu de temps après, le relèvement des cours venait démentir leurs prédictions. En 1859, comme en 1865, on disait dans l'enquête agricole que les agriculteurs étaient ruinés par l'avilissement des prix de la concurrence étrangère, que le cours du blé était descendu à un taux qui amènerait la ruine et qu'il ne se relèverait pas. Cependant les prix du blé ont remonté et on a été forcé de reconnaître que l'avilissement qu'on redoutait n'était qu'une pure fantasmagorie. Ce n'est pas que la concurrence étrangère ne soit une cause de malaise et de souffrance pour l'agriculture, mais elle ne saurait avoir pour effet de réduire le blé à vil prix. Car il faut considérer, non seulement l'influence que la production étrangère aura sur la production nationale, mais encore celle que cette dernière aura sur l'autre. Il y a là un effet réciproque qui fait que les prix se combattent et qui les empêche de tomber trop bas.

Ce n'est pas le marché français qui se règle sur le prix des blés étrangers, c'est le marché intérieur qui fait, dans une large mesure, prévaloir ses besoins et ses prix.

Il convient de rechercher maintenant quelle est la production en blé du monde civilisé.

Il est à peu près admis aujourd'hui que cette production est d'environ 700 millions d'hectolitres. Les Etats-Unis en produisent 186 millions et l'Europe 400 millions. Dans cette production, la France figure pour 100 millions d'hectolitres, l'Espagne pour 40 millions, l'Angleterre pour 38, l'Autriche pour 28 et l'Allemagne pour 19.

La France produit donc la septième partie du blé qui se récolte dans le monde entier, et le quart de celui qui se récolte en Europe. Ajoutons que sa population est à peu près le quarantième de celle du globe.

La production moyenne des Etats-Unis, ainsi que nous venons de le dire, est aujourd'hui de 186.000.000 d'hectolitres. Etudions tout d'abord la situation agricole de ce pays.

L'Union Américaine occupe une superficie de 10 millions de kilomètres carrés, divisée en trois parties, par les monts Alleghanys qui s'étendent du Nord-Est au Sud-Ouest, depuis les côtes de la Nouvelle-Bretagne jusqu'au golfe du Mexique, et par les montagnes Rocheuses qui s'étendent du Nord du Mexique au Sud de la Colombie anglaise. L'espace intermédiaire comprend le bassin du Mississipi que limitent, au Midi, le golfe du Mexique, et au Nord, les cinq grands lacs: Supérieur, Michigan, Huron, Erié et Ontario, communiquant entre eux et par le fleuve Saint-Laurent avec l'Océan Atlantique.

Par suite de son étendue et de la configuration géographique, on y trouve naturellement des climats distincts. C'est ainsi que les états du Nord-Est ont des hivers longs et rigoureux et des étés chauds et orageux. Ceux du Sud-Est et ceux qui bordent le golfe du Mexique ont des étés brûlants et des hivers doux. Les états de l'intérieur ainsi que ceux qui sont situés entre l'Océan Pacifique et les montagnes Rocheuses ont un climat tempéré. Enfin les rudes hivers ne se retrouvent que dans le Nord-Ouest.

La population des Etats-Unis, qui était de 5.250.000 habitants environ au commencement de ce siècle, de 23.267.498 hab. en 1851, de 38.925.598 en 1870, de 48 millions et demi en 1880, est aujourd'hui de 58.000.000 d'habitants. Cet accroissement si considérable de la population est dû à l'immigration des étrangers.

En 1820, le chiffre des émigrants arrivés aux Etats-Unis était à peine de 250.000, mais en 1870 il s'était accru de 8 millions, et en 1875 d'un nouveau chiffre de 1.922.370. L'Europe a fourni les $^6/_7$ environ de ces émigrants, notamment l'Irlande et l'Allemagne.

Le développement de ce pays a confirmé le principe

de Malthus à savoir: «que la population tend à se multiplier aussi rapidement que les subsistances.» En effet, les Etats-Unis, en 1850, avaient 23.267.498 habitants et produisaient 36.500.000 hectolitres de blé; en 1860, avec 31.445.080 habitants ils en produisaient 63.000.000; en 1870, avec 38.925.598 habitants ils en produisaient 94.000.000; aujourd'hui enfin, avec 58 millions d'habitants ils produisent 186 millions d'hectolitres de blé.

Le gouvernement des Etats-Unis a d'ailleurs favorisé cet état de choses par l'emploi d'un système fort ingénieux. Il a facilité l'acquisition de la terre en adoptant pour la mise en vente: 1.º les enchères publiques; 2.º le paiement comptant; 3.º la mise à prix de 16 fr. par hectare pour une étendue de 65 hectares. La loi sur l'Homestead votée en 1862 permet encore à tout citoyen des Etats-Unis et à tout étranger, chef de famille, qui déclare vouloir se faire naturaliser Américain, d'acquérir à son choix, et sur le vu du cadastre, parmi les terres encore libres, 65 hectares de terres, en ne payant que les frais d'arpentage. Chacun des fils jouit du même droit à sa majorité, mais la famille ne peut acquérir ainsi plus de 260 hectares en totalité. Le droit de succession n'est perçu qu'au-dessus d'une somme de 5.000 à 7.500 fr. lorsqu'il s'agit de la mort du mari, en faveur de la femme, et lorsqu'il s'agit de la mort de la mère en faveur des enfants. Enfin, les Compagnies de chemins de fer, qui reçoivent des Etats à titre de subvention les terres publiques bordant la voie des deux côtés, en disposent encore dans les meilleures conditions au profit des émigrants. Aussi le nombre des fermes va-t-il sans cesse en augmentant, mais leur étendue moyenne diminue. En 1870, en effet, sur plus de 2 millions de fermes, 20.000 agriculteurs seulement exploitaient plus de 200 hectares, les autres moins de 40. La moyenne et la petite culture sont entre les mains des propriétaires qui cultivent eux-mêmes et vivent sur leurs exploitations. Dans les Etats de l'Atlantique, dans la Pensylvanie, le New-York, le New-Jersey, on rencontre des domaines étendus; les fermes de 40 à 100 hectares prédominent dans les Etats de la Nouvelle-Angleterre. Il existe aussi sur les vastes plaines qui bordent le Mississipi ainsi que dans l'Illinois et dans l'Iowa des fermes de 200, 400 et même de 3.000 hectares appartenant à un seul propriétaire, mais l'Ouest se distingue surtout par les petites exploitations.

On peut dire que c'est le caractère de l'émigration qui a amené ce résultat. Tandis que les émigrants venus d'Europe sans ressources s'arrêtaient dans les Etats de l'Atlantique et dans les villes peuplées du littoral, pour travailler, en attendant de pouvoir acquérir des terres dans l'Ouest, les habitants de l'Atlantique colonisaient les contrées situées entre les Alleghanys et le Mississipi.

On comprend que des terres achetées à des prix aussi minimes réduisent considérablement le prix de revient, mais il convient d'ajouter qu'au fur et à mesure que la population augmente, le prix s'élève. La proximité des chemins de fer amène aussi la plus value des terres. Celles-ci, aux environs de Philadelphie, valent autant qu'en France ou en Angleterre, tandis que dans l'Iowa, les plus belles ne se vendent pas plus de 300 francs l'hectare. Dans l'Indiana, les terres que le gouvernement vendait 16 fr. l'hectare, se paient aujourd'hui 200 à 260 francs. Le capital de l'exploitation agricole, dont la moyenne était en 1850 de 11.700 fr., s'élevait en 1860 à 16.800 fr. et en 1870 à 17.300. La valeur moyenne de l'hectare, qui était de 142 fr. en 1850, était de 214 en 1860 et de 279 en 1870.

Il faut dire aussi, que les terres anciennement cultivées donnent un rendement graduellement et constamment diminué, à cause des récoltes enlevées l'une après l'autre, sans qu'on ait restitué au sol aucun engrais.

Il y a lieu de tenir compte du salaire des ouvriers. Les prix des journées sont élevés aux Etats-Unis et les bras sont rares. Dans les Etats de la Nouvelle-Bretagne et du Centre, le salaire journalier de l'ouvrier est de 7,70 fr. et dans les districts du Pacifique de 20 et 25 francs. Au temps des récoltes, dans la plupart des Etats, la journée se paie de 6 à 8 fr: en dehors des frais d'entretien. La moyenne des salaires mensuels des ouvriers agricoles était en 1866 de 137,75 fr.; et en 1875 de 119,76 fr. sans y comprendre la nourriture.

Pour remédier à cet inconvénient les américains ont eu recours à l'outillage mécanique. Il faut reconnaître qu'il est chez eux très perfectionné et qu'il diminue considérablement le prix des denrées agricoles. Quant à l'impôt, quoique il soit difficile de le déterminer, parce qu'il consiste en taxes payables aux municipalités, on peut dire qu'il frappe de 12 % la valeur des propriétés.

Dans ces conditions, l'américain, avec une terre obtenue à bon marché, avec un capital initial peu élevé et une main d'œuvre rare, s'adonne au système de culture le moins coûteux, la culture extensive. Il cultive, sur le même sol et sans addition de fumure, les céréales. Il pratique en un mot le système de l'épuisement.

Le blé de printemps figure pour 40 % dans la récolte totale du territoire américain et ce blé n'est pas accepté par la meunerie française.

Quant au rendement, il est assez difficile de le déterminer, car dans certains Etats les emblavures varient d'une année à l'autre de 30 à 50 % et les rendements de 5 à 12 et à 15 hectolitres. En 1858, les surfaces emblavées étaient de 8 millions d'hectares environ; en 1862, elles n'étaient que de 970.000, et le rendement ne s'élevait qu'à 4,08 hectolitres. En 1869, les emblavures se réduisaient encore à 650.000 hectares, mais le rendement remontait à 13,75 hectolitres. Aujourd'hui les emblavures atteignent le chiffre de 15 millions d'hectares, la production arrive à 186.000.000 d'hectolitres et le rendement toujours peu élevé ne dépasse pas 12 hectolitres par hectare.

Telle est, en quelques mots, la situation agricole des Etats-Unis au point de vue de sa production en blé.

Et maintenant, avec un rendement aussi capricieux, n'est-il pas téméraire de rechercher le coût de la production aux Etats-Unis? Oui, cette recherche serait téméraire et nous ne l'aborderons pas. Dans ce pays en effet, il faut tenir compte, d'un Etat à un autre, des variations du climat; car, ici, le printemps est trop court, et là, l'automne trop pluvieux, pour permettre aux agriculteurs d'ensemencer; il faut tenir compte des variations du sol, qui ici, a été en grande partie ruiné par les exigences de l'agriculteur, et qui là, bien loin, dans l'Ouest, est encore vierge et ne se refuse pas à satisfaire le propriétaire. Il faut redouter l'humeur voyageuse des insectes qui viennent dévorer les récoltes à peine germées. Il faut tenir compte des procédés de culture : l'agriculteur américain, quoique parfaitement outillé, n'adopte pas partout le semoir en lignes, qui cependant économise la semence et favorise le rendement. Il faut tenir compte, enfin, des frais généraux et spéciaux, des oscillations dans les prix de transport, et des cours des produits sur les marchés de ventes.

Aussi, nous partageons sans réserve la surprise du savant M. Ronna, lorsque, dans ces derniers temps, il a vu se produire des affirmations plus ou moins extraordinaires, basées sur des états particuliers des Etats de l'Ouest, pour demander des changements dans la législation douanière en Angleterre et en France.

Examinons maintenant la situation agricole de l'Inde. Dans ce nouveau grenier à blé de l'Europe, la population qui est de 250 millions d'habitants, est la population la plus dense du monde; son accroissement est 4 fois plus considérable qu'en Europe. Jusqu'à ce jour, elle a été ralentie par d'affreuses famines périodiques, qui faisaient d'innombrables victimes, quelquefois des centaines de mille d'individus. Mais aujourd'hui, le gouvernement de l'Inde a consacré des sommes considérables à la construction de chemins de fer et aux travaux d'irrigation et il a ainsi opposé un frein au développement des famines, en facilitant l'accroissement de la population.

La production du blé de l'Inde est aujourd'hui de 85 millions d'hectolitres. Quelle est l'importance de ce chiffre, lorsqu'il s'agit d'une population de 250 millions, qui augmente sans cesse? Il ne suffirait pas évidemment à la consommation, si les besoins de l'Indien n'étaient tres-réduits et si un grand nombre ne se nourrissaient encore de riz et de menus grains. Au surplus, les anglais introduisent aujourd'hui leurs industries dans les Indes, et l'ouvrier, qui devra désormais se livrer à des travaux plus pénibles, sera obligé de se nourrir de blé.

Mais, dit-on, le salaire de l'ouvrier est des plus modiques, il n'est que de 0,30 cs., l'impôt n'est que de 12,50 et quoique il n'y ait pas de terres disponibles, l'Etat possède une grande partie du sol, pour lequel il n'est pas payé de loyer. Dans ces conditions, on pourra défricher facilement ces terres et produire du blé à bon marché pour l'exportation.

C'est une erreur complète. Les terres de l'Inde ne sont pas les terres des Etats-Unis, ce ne sont pas des prairies qu'on retourne, ce sont des jungles dans lesquelles on est obligé de pénétrer la hache à la main et à très grands frais. La production a lieu tout-à-fait à l'intérieur du pays, et les frais de transport, pour amener les blés, d'abord, au port d'embarquement, et ensuite en Europe, augmentent les prix de revient dans une proportion telle, que l'Inde est un adversaire peu redoutable. Son blé doit payer 10 francs par tonne pour franchir le canal de Suez. Dans un pays aussi immense, les climats sont très-variés et les terrains diffèrent: les uns sont irrigués, les autres ne le sont pas, et il en est où la sécheresse fait quelquefois mourir tous les bestiaux. Les prix du blé ont des écarts considérables: 20,55 fr. le quintal en 1881; 21,05 fr. en 1882, et 18,25 en 1883.

Ce n'est pas tout. Certaines personnes invoqueront, à l'appui de leur thèse, la crise monétaire et le bénéfice que réaliseront les Indiens, en échangeant en France leur blé, contre un métal or qui a aujourd'hui beaucoup plus de valeur que le métal argent, l'étalon de l'Inde. Nous ne contesterons pas la valeur de cette objection, quoiqu'elle soit dépourvue de toute force, si on considère les faibles facultés d'importation de l'Inde. Nous espérons d'ailleurs que les puissances intéressées donneront sans tarder une solution à ce difficile problème.

Après avoir examiné ainsi succesivement la situation agricole des Etats-Unis et des Indes, les deux producteurs de blé les plus redoutables du monde, s'il faut en croire les colporteurs de panique, nous pensons qu'il est superflu d'étudier la production des quelques autres pays importateurs tels que la Russie, la Turquie et l'Australie. Car, en ce qui concerne les deux premiers, le passé est assez plein d'enseignements pour dissiper nos craintes, et l'Australie n'est pas encore venue encombrer les marchés de l'ancien monde.

Retournons donc en Europe et examinons la situation agricole de la France qui, ainsi que nous l'avons déjà dit, produit la septième partie du blé du monde civilisé et le quart de la production européenne. Lorsque nous aurons terminé cet examen, le moment sera venu de rapprocher et de comparer les trois pays que nous aurons étudiés, de se rendre compte de leur puissance productrice en blé et de rechercher les conséquences réciproques que cette situation peut amener.

La population de la France est aujourd'hui de 37.500.000 habitants et les relevés statistiques établissent que la consommation moyenne du pain, par tête, est de $0^k,552$ grammes par jour, ce qui donne, pour la consommation annuelle de la population, un chiffre de 7.562.100.000 kilogrammes. L'hectolitre de blé pèse en moyenne 76 kilogrammes; le quintal réduit en farine donne 74 kilogrammes et transformé en pain 109 kilogrammes 200 grammes. La quantité de blé nécessaire à la consommation annuelle de pain est donc de 6.925.000.000, kilogrammes soit 91.118.400 hectolitres. Il convient d'y ajouter celle employée pour l'ensemencement qui est de 15.180.000 hectolitres. Ce chiffre qui est de 210 à 250 litres à l'hectare, suivant l'habileté du semeur et la routine locale, est malheureusement beaucoup trop élevé. On le doit à l'usage de la semaille à la volée.

Il convient d'ajouter encore environ 3.000.000 d'hectolitres représentant les quantités de blé transformées par l'industrie:

Consommation	91.118.400 hectolitres.
Ensemencement.	15.180.000 »
Blé transformé	3.000.000 »
Total. . . .	109.298.400 hectolitres.

Une autre méthode de calcul de la consommation permet de corroborer celle qui précède. On relève la pro-

duction totale de blé de la dernière période décennale, par exemple de 1871 à 1880 inclus. Cette production atteint le chiffre de 990.047.240 hectolitres et donne une moyenne par année de 99.004.724 hectolitres. L'excès des importations sur les exportations pendant cette période est de 103.168.431 hectolitres et donne une moyenne de 10.316.843 hectolitres. Par conséquent, la consommation de la France, année moyenne, de 1871 à 1881, atteint les chiffres suivants:

Blé récolté sur le sol français	99.004.724 hectolitres.
Blé importé	10.316.843 »
Consommation totale. .	109.321.567 hectolitres.

Cette dernière méthode, bien qu'elle n'indique pas combien un individu consomme par jour, nous paraît préférable aux autres, car elle a du moins l'avantage de faire connaître avec précision et sous son vrai jour, le montant total de la production et des nécessités de la consommation.

Certains économistes prennent pour base de leur calcul le chiffre de 700 grammes de pain par jour. Nous croyons que ce chiffre ne répond plus aujourd'hui à la vérité des faits, car, depuis qu'il est reconnu que le pain de 1re qualité est plus nourrissant que le pain de 2e qualité, que l'estomac en exige une moindre quantité et que ce régime n'entraîne pas une plus forte dépense, la consommation du pain a diminué non seulement à Paris, mais en province, partout où ont été créées des Boulangeries coopératives. Le chiffre de 0,^{k} 552 grammes, que nous avons adopté plus haut, nous paraît d'autant plus conforme à la réalité, qu'il représente une moyenne par département et qu'il tient ainsi compte de la quantité de seigle qui se consomme de nos jours. Enfin, son exactitude est amplement démontrée par sa concordance avec les résultats de la dernière période décennale, qui ne proviennent pas d'années éparses choisies à dessein pour les besoins de la discussion, ainsi qu'on a beaucoup trop l'habitude de le faire.

Pendant la dernière période décennale de 1871 à 1880, qui comprend une série de mauvaises années, la France s'est trouvée dans la nécessité de demander annuellement à l'étranger 10.316.843 hectolitres de blé pour sa consommation. Quelle est l'importance de ce chiffre ? Doit-on en conclure que la France ne peut produire le blé nécessaire à sa consommation ? Nullement. Ce chiffre, en effet, ne représente qu'une insuffisance de rendement d'un hectolitre et demi par hectare pour notre culture, et les progrès réalisés jusqu'à ce jour par l'agriculture française, quelque faibles qu'ils soient, permettent d'affirmer que cette insuffisance sera comblée sans retard. Car, si nous consultons la statistique, nous voyons que, pendant la période de 1821 à 1852 (30 ans), la moyenne du rendement a été de 12,82 hectolitres; que, de 1852 à 1878 (25 ans), elle a progressé et a atteint le chiffre de 14,29; que notamment la période de 1870 à 1880 a donné un rendement de 14,36 hectolitres; et enfin, que depuis 1880, la moyenne a dépassé le rendement de 15 hectolitres à l'hectare. Au surplus, les chiffres de la production ne tendent-ils pas à s'améliorer? Ne comptons-nous pas depuis 1870 trois récoltes élevées et supérieures à la consommation? L'année 1872 a produit 119.084.990 hectolitres ; l'année 1874, 136.367.798, et l'année 1882, 122.153.524 hectolitres. La moyenne de la production pour les quatre dernières années, 1881, 1882, 1883 et 1884 n'est elle pas de 108.464.787 hectolitres, supérieure par conséquent à celle de la période décennale (1871-1880) de 9.460.063 hectolitres, et ne présentant plus qu'un faible déficit sur les besoins de la consommation de 1.535.213 hectolitres par an, tandis qu'il était avant de 10.316.843 hectolitres? Quand on sait que l'agriculture française n'a utilisé jusqu'à ce jour aucune des grandes réformes révélées par la science, quand on songe qu'elle est restée rebelle aux lois du progrès et qu'elle ne doit sa situation qu'à la nature de son sol et à son climat, pourrait-on la condamner et douter qu'elle puisse, si elle veut, en adoptant les réformes réalisées par d'autres pays, atteindre facilement un rendement élevé, tel que celui de l'Angleterre, qui est de 25 hectolitres à l'hectare? N'est-il pas évident, que ce jour prochain, la France pourra exporter de grandes quantités de blé et ne sera plus tributaire de l'étranger? Et comment! dans des conditions aussi favorables, on tremblerait devant la concurrence étrangère, on se découragerait et on se laisserait aller à la panique! Non. Rien ne serait plus contraire au bon sens qu'une semblable attitude.

Cependant, on dit, et voici le grand argument des colporteurs de panique: certains pays étrangers, les

Etats-Unis et les Indes, produisent avec un prix de revient infiniment bas des quantités considérables de blé. Ils exportent ces blés, les vendent à un prix inférieur aux nôtres, et empêchent ainsi nos producteurs de vendre le leur à un prix rémunérateur. Nos agriculteurs ne pouvant plus réaliser un bénéfice sur le blé, abandonneront désormais cette culture. On voit déjà le cataclysme qui va fondre sur notre pays, nos campagnes abandonnées et nos villes regorgeant d'ouvriers!

Mais soyons prudents, gardons-nous de tout affolement, demandons des leçons à l'expérience et examinons tout d'abord si les importations étrangères ont nui à l'agriculture française. Quel a été le prix de l'hectolitre de blé pendant la période décennale 1871-1880? Il a été en 1871 de 25,65 fr.; en 1872 de 23,15; en 1873 de 25,62; en 1874 de 25,11; en 1875 de 19,32; en 1876 de 20,59; en 1877 de 23,44; en 1878 de 21,25; en 1879 de 22,12, et en 1880 de 22,19, soit en moyenne de 22,86 fr. Dira-t-on que ce prix n'est pas rémunérateur? Non. Cependant c'est durant cette période, en 1879 et en 1880, que la France a importé les quantités les plus considérables de 29.720.291 et de 26.665.916 hectolitres. Et encore, pour quelle part les Etats-Unis et les Indes ont-ils contribué à cette importation? Les Etats-Unis en 1879, pour 16.506.795 hectolitres et en 1880 pour 15.549.376. Les Indes, en 1880, pour la part minime de 439.915 hectolitres seulement. On pourrait encore demander pourquoi, dans les années qui ont suivi 1880, les importations des Etats-Unis se sont réduites à 7.912.883 hectolitres en 1881; 6.745.593 hec-

tolitres en 1882, 4.534.130 hectolitres en 1883, et
3.711.387 hectolitres en 1884. La réponse est facile.
C'est, qu'avant 1880, le prix du blé était élevé en
France, à cause des mauvaises récoltes, et que depuis
1880, des récoltes meilleures ont amené la baisse des
cours à 22,20 fr. en 1881; à 21,60 en 1882; à 18,70
en 1883, et à 16,50 en 1884. Que résulte-t-il de cet état
de choses? C'est que, ainsi que nous l'avons déjà dit, la
production française influe sur la production étrangère,
au même titre que celle-ci influe sur la production française. Il en résulte que les Etats-Unis ne peuvent pas
fournir des blés aux prix inférieurs qu'on allègue, et
que s'ils n'importent plus, c'est que la spéculation ne
leur paraît pas avantageuse.

Dira-t-on que si les Etats-Unis importent moins, les
Indes importent davantage? Cette allégation, si elle
était fondée, ne détruirait pas notre raisonnement en ce
qui concerne les Etats-Unis, mais, au surplus, les importations de l'Inde ne se sont élevées qu'au chiffre de
1.975.188 hectolitres en 1881, et cette augmentation
n'a pas compensé la diminution dans l'importation des
blés d'Amérique.

Ce prix de 16,50 fr. auquel est tombé l'hectolitre en
1884, nous ne le devons donc pas à la concurrence
étrangère, puisque on ne peut méconnaître ce fait incontestable que les importations ont considérablement
diminué depuis 1880, mais nous le devons uniquement
à nos bonnes récoltes et à notre production abondante.

Il est bon d'ailleurs de rappeler que ce n'est pas la
première fois que les prix du blé s'abaissent ainsi en

France. En 1833, il était à 15,62 fr. l'hectolitre; en 1834
à 15,25, et en 1835 à 15,25. En 1849, il était à 15,37 fr.;
en 1850 à 14,32, et en 1851 à 14,48. Plus tard, en 1858,
il est à 16,75 fr., et en 1859 à 16,74. Enfin, plus près de
nous, en 1865, il est encore à 16,41 fr. Et dans ces circonstances, qu'a fait l'agriculture? S'est-elle découragée?
A-t-elle jeté le manche après la cognée? Non, elle a lutté,
lutté avec ses propres ressources, et lutté victorieuse-
ment. Il ne faut pas remonter bien loin pour trouver la
démonstration de ce fait. Ainsi que nous venons de le
dire, en 1865, le prix était à 16,41 fr., et il se releva suc-
cessivement à 19,61 en 1866, à 26,19 en 1867 et à 26,64
en 1868. Cependant l'agriculture n'était pas protégée, et
en 1865 comme aujourd'hui, la baisse avait été occasionnée par des récoltes abondantes : 1863 avait produit
116.781.794 hectolitres, et 1864 111.274.018. Le prix se
releva ensuite à 26,19 fr., avec une récolte modeste de
83.005.739 en 1867, et baissa de nouveau à 20,33 fr.
en 1869, après une récolte de 116.783.000 hectolitres,
en 1868.

Il n'est donc pas exact de dire que la concurrence
étrangère écrase notre production et nous impose ses
prix. C'est nous au contraire qui lui imposons les nôtres.
Ce n'est pas elle qui vient à nous, c'est nous qui allons
à elle, lorsque notre production est insuffisante, et nous
devons nous féliciter, quand nous possédons une liberté
qui nous met ainsi à l'abri des horreurs de la famine et
des atteintes d'un prix surélevé.

Mais enfin, que faut-il penser de ce prix de 16,50 fr.
l'hectolitre, qui fut le cours de l'année 1884? Est-il rému-

nérateur pour l'agriculteur ou lui occasionne-t-il une
perte? Nous abordons ici la question du prix de revient
et nous nous empressons d'ajouter, après ce que nous
avons déjà dit, que si cette question peut comporter une
application pratique à des cas particuliers, elle ne saurait du moins comporter aucune application à des cas
généraux. En effet, le prix de revient varie, non seulement, d'un propriétaire à un autre, mais encore, d'un
champ à un autre. Il varie dans les diverses contrées
selon la nature du sol, l'état de l'atmosphère, le mode de
culture; et son application est ainsi impossible à une
nation quelle qu'elle soit. Car, comment pourrait-on
établir une moyenne en semblable matière? Elle sera
supérieure au prix de tel propriétaire et inférieure au prix
de tel autre. Serait-ce juste? C'est le cas de répéter avec
l'honorable M. F. Passy qu'il serait plus facile de prendre
la stature moyenne des membres de la Chambre des Députés et de les habiller tous avec un costume moyen: cela
constituerait un vêtement fort agréable pour quelques-
uns, peut-être, mais on arriverait à satisfaire difficilement
tout le monde. La recherche du prix de revient peut être
assimilée à la recherche de la pierre philosophale; il est
peut-être possible de le connaître pour soi même, mais il
est impossible de le connaître pour autrui. M. de Gasparin
et M. Lecouteux l'ont fixé différemment à 5,95 fr. et à
7,53. Il s'agit cependant de deux agronomes distingués
et compétents. Enfin, dans l'enquête agricole de 1859,
les intéressés l'ont évalué de 8,26 fr. à 32.

Il est donc difficile de se prononcer sur la valeur du
prix de 16,50 fr. imposé à l'hectolitre de blé pour le

marché de 1884. Quoi qu'il en soit, nous n'hésitons pas à déclarer que ce prix n'est plus rémunérateur pour l'agriculture française, mais loin d'en rechercher la cause dans la concurrence étrangère, nous la rechercherons et nous la trouverons dans un autre ordre d'idées.

On ne peut méconnaître, que depuis quelques années, il s'est produit une rupture d'équilibre, qui a modifié profondément les situations de l'industrie, du commerce et de l'agriculture, et que les relations internationales ont été transformées par les progrès merveilleux qui ont été réalisés dans les transports ainsi que dans les procédés qui servent à rapprocher les nations: la télégraphie, les chemins de fer, les bâtiments à vapeur. On a aussi percé de nouvelles voies maritimes et on a considérablement diminué la résistance de la mer, avec des bâtiments perfectionnés et pourvus de puissants moteurs. En effet, il y a peu d'années, les frais de transport élevaient une barrière, non seulement entre les nations, mais encore entre les provinces et d'un département à un autre, tandis qu'aujourd'hui, grâce à l'emploi de la vapeur et de l'électricité, ainsi qu'à l'abaissement des frais de transport, les nations sont plus rapprochées que ne l'étaient autrefois deux provinces. Les prix sont moins élevés aujourd'hui pour transporter un quintal de blé d'Amérique en France, qu'ils ne l'étaient autrefois entre le Hâvre et Bordeaux. Tellement que les états d'outre mer, notamment les Etats-Unis, approvisionnent plus facilement la France en ce moment, que la Bourgogne n'approvisionnait naguère Paris. C'est ce fait économique capital qui a vivement influencé toutes les

branches de l'activité humaine. Recherchons-en les conséquences.

Le rapprochement des peuples leur a fourni le moyen
de diminuer le fonds de roulement et d'économiser des
capitaux considérables, en baissant le chiffre des approvisionnements. Car le télégraphe nous permet aujourd'hui
de demander en une heure, au bout du monde, ce que
nous désirons, et les chemins de fer ou les bateaux à vapeur nous l'apportent dans un délai très réduit. La diminution des approvisionnements a contribué aussi à la
réduction de l'intérêt.

Mais en même temps que ce progrès se réalisait, la
concurrence devenait plus redoutable, car certaines nations qui la veille n'existaient, pour ainsi dire, pas pour
nous, se trouvaient le lendemain transportées à nos côtés. Il est juste toutefois d'ajouter que ce rapprochement
nous a été favorable vis à vis de certaines nations moins
éloignées.

Avec la concurrence survint une baisse considérable
dans les prix. Comment l'industrie s'est-elle comportée
dans cette situation difficile? Elle a diminué ses approvisionnements et a ainsi réalisé une économie sur son
capital. Elle a profité de la réduction de l'intérêt, pour
augmenter les salaires de ses ouvriers, et elle s'est aidée
de l'étude des conditions de la production, des découvertes des sciences physiques et chimiques et du perfectionnement des sciences mécaniques, pour diminuer son prix
de revient. Elle a supprimé toutes les fausses manœuvres, elle a utilisé les valeurs inutilisées, les sous-pro-
duits, les déchets; enfin, elle a consacré chaque année

une partie de ses bénéfices aux modifications de l'outillage exigées par les découvertes scientifiques.

C'est ainsi que l'industrie a pu lutter contre la situation nouvelle qui lui était faite par la rupture de l'équilibre social. Chez elle, les salaires ont augmenté sans relâche, grâce à la diminution d'intérêt payé aux capitalistes, et il y a lieu de se féliciter de ce résultat, car il permet d'améliorer le prix de revient. Quant à la diminution dans le rendement des capitaux, c'est une loi naturelle, que personne ne conteste, car elle permet de donner, à meilleur marché, à ceux qui travaillent, l'outil, avec lequel ils peuvent produire, enrichir la nation et s'enrichir eux-mêmes.

Aussi l'industrie a-t-elle résisté à la concurrence étrangère et quoique elle n'exporte plus aujourd'hui des produits que pour une valeur de 3.232.500.000 fr., il ne faut pas oublier que ce chiffre serait beaucoup plus élevé si on donnait aux marchandises les prix qu'elles avaient autrefois. Au surplus, il faut toujours accueillir avec une certaine réserve les statistiques, car si elles mentionnent les marchandises qui franchissent la frontière, elles ne font pas connaître le nombre des étrangers qui entrent dans le pays et les nationaux qui en sortent. Or le nombre des étrangers, qui viennent visiter la France, est infiniment supérieur à celui des français qui vont visiter les nations étrangères; et il ne faut pas se dissimuler que les étrangers les plus riches du monde, qui affluent à Paris et sur divers points de notre territoire, laissent en France plus d'argent que celui constaté dans les statistiques de la Douane. Cependant dans l'un comme dans l'autre cas, c'est un argent qui représente les produits de notre industrie.

Nous ne reléverons pas l'excès de la production sur la consommation qui s'est produit dernièrement. Car il était impossible d'opposer un obstacle à ce fait et d'empêcher que sous l'influence de bénéfices, les industriels développassent outre mesure leur fabrication. Ce malaise disparaîtra en ramenant la production au niveau des besoins actuels de la consommation.

Voici d'ailleurs quelle est la situation financière de la France.

En 1858, le commerce général d'importation et d'exportation réunies était de 5 milliards 300 millions, et en 1882 de 10 milliards 406 millions. Ces chiffres démontrent que, pendant ce temps, le commerce de la France a réalisé un progrès équivalent à celui qu'avait produit la suite des siècles jusqu'en 1858.

En 1860, la richesse générale (valeurs successorales et donations) s'élevait à 126 milliards, et en 1882, elle était de 218 milliards, soit une augmentation de 92 milliards, ou 4 milliards par an, dans la fortune publique.

L'impôt de 3 %/₀ sur le revenu a produit en 1883 31.760.000 fr., et en 1884 49.841.000 fr. La différence en faveur de 1884 est de 18.081.000 fr., et représente une augmentation de 15 milliards placés en actions ou en obligations diverses.

Ce n'est pas tout. A ces 15 milliards il convient d'ajouter les deux grands emprunts nationaux réalisés depuis la guerre, qui s'élévent à 7.700.000.000 de

francs; les titres de rente amortissable 3 $^o/_o$ qui repré-
sentent un capital de 2.800.000.000, et enfin, les Bons
de Trésor, les Obligations du Trésor et les Bons de liqui-
dation. On arrive ainsi à une somme de 12 milliards qui,
ajoutée aux 15 milliards qui précèdent, constitue un total
de 27 milliards. Et cela, sans y comprendre la Rente.

Examinons, maintenant, si l'agriculture a su, comme l'industrie, lutter contre le nouvel ordre de choses.
Nous devons reconnaître qu'elle n'a fait dans ce sens
aucun effort. Et cependant le pouvait-elle? Qui le nie-
rait? Quoique les assimilations entre l'industrie et l'agriculture ne soient pas toujours possibles, nous pensons
que, dans ces circonstances, celle-ci pouvait préparer
l'abaissement de son prix de revient, en adoptant les
méthodes de l'industrie. Elle aurait dû, elle aussi, diminuer ses approvisionnements, profiter de la réduction
de l'intérêt pour augmenter le salaire de ses ouvriers,
diminuer son prix de revient par l'étude des conditions
de la production, des découvertes des sciences physiques
et chimiques et du perfectionnement des sciences mécaniques. Elle aurait dû, enfin, supprimer les fausses manœuvres, utiliser les déchets et amortir chaque année,
en l'améliorant conformément aux découvertes scientifiques, son capital-outillage.

Mais l'agriculture n'a pas su réaliser ces progrès,
elle a trop compté sur elle-même. Les récoltes étaient
abondantes, les propriétaires recueillaient des bénéfices
considérables, la prospérité était complète. Naturellement le prix des propriétés s'éleva. Mais alors les propriétaires vendirent à des prix exagérés et qu'advint-il?

Le capital des nouveaux agriculteurs passa dans la caisse de ceux qui avaient vendu et fut employé en achat de valeurs mobilières. Si ce capital avait été employé dans l'agriculture, il aurait servi à préparer le prix de revient le plus bas pour l'avenir. La prospérité, dont a joui l'agriculture, l'a induite en erreur et elle ne s'est pas préparée pour la lutte. Aussi n'a-t-elle pas bénéficié de la réduction de l'intérêt qui lui eût permis de mieux supporter l'augmentation progressive des salaires. C'est dans ce phénomène que nous découvrons la cause grave de la crise agricole, la crise des fermages.

Nous savons que le prix de la terre a augmenté à cause des bénéfices considérables que les propriétaires en ont retiré. Cette hausse s'est produite, et quoiqu'on ne puisse affirmer qu'elle s'est manifestée partout dans des conditions égales, le fait n'en est pas moins incontestable, ainsi que le démontrent les études de deux savants statisticiens MM. de Lavalaye et de Foville. Selon eux, le prix moyen de l'hectare était de 500 fr. en 1789; de 700 fr. en 1815; de 1.276 fr. en 1852; de 1.850 fr. en 1862, et de 2.000 fr. en 1874. Cette hausse, qui s'est continuée depuis 1874, provient évidemment de l'élévation du taux des fermages, et pendant qu'elle se produisait, le capitaliste, qui avait son argent placé en valeurs à revenu fixe, voyait son revenu diminuer. Ce fait est tellement vrai, qu'une propriété qui donnait un revenu de 50 livres au XVe siècle, rapporte de nos jours 2.000 francs, tandis qu'un capital, qui à la même époque eût constitué une rente semblable, ne rapporterait plus aujourd'hui que 50 centimes.

Telle est, de nos jours, la situation particulière de l'agriculture en France. C'est cette situation qui a fait naître la maladie dont elle souffre, la crise des fermages. Cette crise n'est pas, en effet, aussi intense dans les pays de métayage, mais on sait que le métayage n'est guère plus pratiqué; il couvrait autrefois les $^7/_8$ du territoire français et aujourd'hui il n'en couvre plus que $^1/_8$, il tend cependant à renaître, parce qu'on a reconnu que l'association aux bénéfices de la terre était une méthode plus rémunératrice et plus équitable.

Le département de l'Aisne est celui qui, dans ces circonstances, a poussé le premier cri d'alarme. M. de Saint-Vallier, son représentant, dénonça au Sénat «que 840 fermes grandes et fertiles n'étaient pas louées et ne trouvaient pas preneurs.» Une enquête fut ordonnée et conduite habilement par M. Risler, le savant Directeur de l'Institut Agronomique. Qu'a-t-elle constaté? Que dans l'arrondissement de Château-Thierry les terres en friche avaient diminué de 500 à 600 hectares depuis 1865; mais ni M. Risler ni ses collaborateurs n'ont vu les «840 grandes et fertiles fermes» en friche. Ils ont trouvé en revanche beaucoup de terres isolées qui n'étaient pas louées, ce qui a permis de discerner la véritable situation du département de l'Aisne. Les propriétaires se sont enrichis avec des récoltes abondantes, le prix de leurs terres a augmenté, et, profitant de cette hausse, ils ont vendu celles qui portaient les bâtiments, parce qu'elles étaient les plus coûteuses et les plus difficiles à administrer. A cette époque, on rencontrait des fermiers et le propriétaire avait des avantages à agir ainsi. Mais cette manière de faire, loin d'être profitable à la propriété, n'a fait qu'améliorer la situation des propriétaires. Ils ont réalisé des bénéfices qu'ils ont placés en valeurs mobilières, les terres ont ainsi été privées de capitaux qui étaient nécessaires à leur amélioration et l'agriculture de l'Aisne n'a pas su préparer le prix de revient de l'avenir.

L'enquête dirigée par M. Risler a été suivie d'une contre-enquête faite par le Conseil Général, mais nous estimons qu'il n'y a pas lieu d'accueillir les conclusions de cette dernière, qui paraissent avoir été inspirées par un affolement extrême, car il est étrange d'y lire qu'il y a des quantités de terres en friche quand le rapport du Préfet du même jour porte: «Etendue ensemencée par rapport à l'année moyenne: un dixième en plus.»

Le rapport de M. Risler nous apprend, que dans l'Aisne, les salaires en même temps que les fermages ont haussé de 50 $\%$. L'industrie se présente sous une situation différente: chez elle aussi le salaire peut avoir augmenté de 50 $\%$, mais le prix du loyer du capital aura diminué de 25 $\%$. C'est la diminution de l'intérêt, qui a baissé de moitié depuis plusieurs années. Il était autrefois de 8 $\%$ et n'est plus aujourd'hui que de 4 et même de 3 $\%$.

Il est certain que l'augmentation des salaires agricoles aurait agi aussi sur les prix de revient, si le loyer des terres avait baissé comme le loyer des capitaux. Mais on objecte: La propriété rurale représente plus de 100 milliards, la terre est faite du travail et de la sueur de l'agriculteur, et si ce capital se déprécie, c'est la France qui se dépréciera, le sol de la patrie qui se détruira. Naïve objection! Les capitaux mobiliers qui se transmettent de père en fils ne sont-ils pas faits aussi des sueurs des infatigables industriels et des laborieux commerçants? Ne souffrent-ils pas aussi, les capitalistes, de la diminution de l'intérêt? Certainement. Et quand le prix des fermages baisserait, cela ne constituerait pas un malheur national, les propiétaires pourraient souffrir, ils seraient obligés de réduire leurs dépenses, parce que leur revenu et plus encore leur capital seraient amoindris, mais l'agriculture prospérerait. Au surplus, ce qui a été bon pour l'industrie ne peut pas être mauvais pour l'agriculture.

Oui, les fermages ont baissé. M. Risler nous dit qu'ils ont baissé dans l'Aisne de 15 % et il ne faut pas se dissimuler que cette baisse s'accentuera encore en France, au moins jusqu'à 30 %. Et bien : en face de cette situation difficile, et en présence de cette rupture d'équilibre occasionnée par un progrès immense de la science, dont il y a lieu de se féliciter, quelle doit être notre attitude? Devons-nous nous décourager, nous abandonner à la panique, appliquer à notre défense des moyens inefficaces que l'expérience et la science condamnent, ou lutter avec les armes que nous possédons? L'hésitation n'est pas permise, c'est cette lutte qu'il faut aborder courageusement. L'agriculture doit emprunter à l'industrie les méthodes qui lui ont été profitables, et les deux, réunies désormais dans un même sentiment de dévouement à l'intérêt national, surmonteront facilement les difficultés du présent et attendront sans secousse le rétablissement de l'équilibre, d'un équilibre qui reposera sur des bases nouvelles, que l'avenir nous réserve, et qu'il dépend de l'activité des diverses nations de nous amener dans un temps plus ou moins prochain que nous ne saurions prévoir.

On pourrait nous objecter, et avec raison, que l'agriculture est aujourd'hui sans forces pour entreprendre l'application à son profit des méthodes industrielles. Nous ne le contestons pas; mais nous ferons remarquer que nous nous bornons ici à indiquer la cause essentielle de la crise agricole et que nous indiquerons plus loin la nature des secours que nous destinons à l'agriculture.

Nous nous sommes déjà occupé de la concurrence étrangère, nous avons étudié la situation agricole des Etats-Unis, celle de l'Inde et celle de la France, et nous avons fait ressortir ce fait, que les prix du marché en France exerçaient une influence sur le marché étranger et que le chiffre des importations s'abaissait avec le chiffre de nos besoins. Cet état de choses s'explique d'ailleurs par la valeur productive de la France. On sait qu'elle produit la septième partie de la consommation du monde, et nul doute, dans ces conditions, qu'elle ne doive avoir une influence sur la formation du prix.

Quelques mots cependant encore sur cette question. Au prix de 16,50 fr. l'hectolitre, l'agriculture française n'aurait pas à redouter la concurrence étrangère, car celle-ci ne peut exporter sans préjudice à ce prix. Mais nous savons maintenant, à la suite de la rupture d'équilibre qui a si profondément modifié la situation de notre agriculture, par suite des charges, qui pèsent sur elle et par suite de l'élévation des fermages, qu'elle ne peut plus produire le blé à ce prix dans des conditions rémunératrices. Il faut donc, ou qu'elle vende plus cher, ou qu'elle réduise son prix de revient, en élevant le rendement à l'hectare de 15 à 25 hectolitres, par exemple. Pourra-t-elle vendre plus cher? Le prix de 16,50 fr. s'élèvera certainement, mais l'hectolitre n'atteindra plus les cours de 26 et de 25 fr. qu'il a atteint en 1867, 1868, 1871, 1873 et 1874. Nous nous heurtons en effet ici à la concurrence étrangère qui nous imposerait son blé à meilleur marché. Il ne faut point cependant exagérer ce bon marché des blés étrangers. Pourquoi en effet les importations des Etats-Unis ont-elles diminué depuis 1880, s'il était vrai qu'ils pussent toujours nous fournir des blés à 2 et 3 fr. au-dessous de nos prix? Pourquoi ne nous en ont-ils pas vendu à 15, à 14 et même à 12 fr.? C'est que, évidemment cela est impossible, parce que la spéculation serait désavantageuse. La France avec une population de 37.500.000 habitants exige 110.000.000 d'hectolitres de blé pour sa consommation. Qu'est ce donc qu'une production de 186.000.000 d'hectolitres pour la consommation de la nation américaine, qui est de 60.000.000 d'habitants environ aujourd'hui et dant le chiffre s'accroît chaque jour. Nous ne méconnaissons pas que les habitants des campagnes y consomment du maïs, et nous ajoutons que c'est grâce à cette nourriture, que les Etats-Unis peuvent exporter du blé. Au surplus, la consommation du blé s'imposera sans tarder avec les progrès de la civilisation, et ce jour là, ce pays n'aura plus d'exportations considérables à faire.

Il ne faut pas oublier que, si, aux Etats-Unis, la terre se vend relativement à bas prix, si l'emploi d'un outillage perfectionné diminue considérablement le prix de revient, et si les agriculteurs ne supportent que des charges contributives insignifiantes, en revanche une grande partie des terrains y sont épuisés, l'atmosphère est variable et le climat rigoureux dans un grand nombre d'Etats, le salaire est élevé et des insectes très redoutés, les sauterelles des Montagnes Rocheuses, ravagent souvent les récoltes dans plusieurs contrées. Ces insectes se répandent dans les Etats de Montana, Wyonning, dans le Colorado, le Dakova, le Nebraska, dans la région qui s'étend le long du Mississipi, du Canada-Ouest jusqu'au golfe du Mexique, pour de là s'étendre dans les Etats de Iowa, Kansas, Missouri, New-Mexico, Utah, dans la Nevada, l'Idaho et le Manitoba. Sans compter les régions du Montana, du Wyonning, et du Colorado où les sauterelles résident en permanence, il y a eu des invasions en 1870, 1872, 1873, 1874, 1875, 1876 et 1877 dans d'autres Etats. Le blé de printemps entre pour 40 $^o/_o$ dans la récolte totale et ce blé ne trouve pas d'écoulement en France. Enfin le rendement général n'est que de 12 hectolitres à l'hectare tandis qu'il est en France de 15 hectolitres. N'oublions pas non plus que la plupart des émigrants arrivent aux Etats-Unis sans grandes ressources, qu'ils trouvent évidemment à acheter des mains de l'Etat des terres libres, à un prix très réduit, mais ils achètent des terres sans bâtiments,

sans outillage et sans animaux. Or une ferme ne peut
exister sans ces aménagements, surtout dans un pays où
les climats, sont rigoureux. Le crédit sera ouvert au
cultivateur, il pratiquera tous les aménagements nécessaires, mais ce crédit lui coûtera cher, l'intérêt
étant de 10 à 15 $^o/_o$. On ne peut pas dire que, dans
ces conditions, l'agriculteur entreprend son exploitation sans charges et avec des chances de bénéfices considérables. D'ailleurs, il devra vendre son blé à bas
prix, si celui-ci doit être vendu en Europe à un taux rémunérateur après avoir supporté les frais de transport,
les commissions des intermédiaires et le bénéfice de
l'importateur. A quel prix devra-t-il donc le vendre ? Les
commissaires anglais MM. C. Read et A. Peel qui se
sont rendus en Amérique dans l'hiver de 1879 pour
procéder à une enquête l'apprécient ainsi : «Dans les
Etats de l'Ouest, le fermier peut livrer son blé à la sta-
tion du chemin de fer la plus voisine à raison de 16 fr. 30
le quintal. Le coût du transport par chemin de fer à
Chicago et de Chicago à New-York, le fret et l'assurance
jusqu'à Liverpool, sont de 8 fr. 15 par quintal; et le quintal de blé peut ainsi être vendu à Liverpool à 24 fr. 45.»
Les commissaires anglais concluent ainsi : « L'Amérique
du Nord n'est pas un paradis sur terre ; des hivers très-ri-
goureux mettent tout obstacle aux occupations agricoles,
des nuées d'insectes dévastent les récoltes ; et dans les
régions de grande plaine, le manque d'eau occasionne
des périodes de sécheresse très dangereuses.»
, Un autre commissaire anglais, M. John Clay Junior,
se rendit en 1881 aux Etats-Unis dans le même but et

ses conclusions sont celles-ci: « La moyenne du coût de production pour le continent américain est de 15,50 fr. à 16,50 fr. le quintal. Transport et frais jusqu'à Liverpool: 40 schellings les 480 livres. Le quintal de blé se vendra donc 23,28 fr. » Ce commissaire ajoute: « La question des transports dans l'intérieur américain est un des plus difficiles problèmes à résoudre. Les plus grandes lignes sont dans les mains de personnages qui peuvent à leur gré taxer ou détaxer ou même taxer du double une distance moitié moins longue que tout le parcours de la ligne, s'ils l'édictent ainsi. Ils ont pour principe d'appliquer des tarifs élevés quand les cultivateurs vendent abondamment. »

Nous pourrions nous borner à ces documents pour être édifiés sur le coût de la production du blé aux Etats-Unis, nous croyons cependant devoir reproduire encore l'opinion de M. Caird, le premier agronome statisticien de l'Angleterre: « D'après le rapport mensuel du bureau de l'agriculture des Etats-Unis, les prix n'ont jamais été aussi bas et l'on sent bien que c'est là la conséquence d'une mauvaise récolte et des prix en Europe. On pense que la baisse aménera une diminution des emblavures de blés d'hiver dans tous les Etats à peu près. Dans le Dakova, les fermiers sont sur le point de faire banqueroute, ils vendent leur blé de 7.30 fr. à 9,30 par quintal; ils ont des dettes et ne font plus de bénéfices, ils ont perdu tout espoir. La situation est la même dans le Manitoba. »

Voilà donc la situation vraie du coût de la production du blé aux Etats-Unis. Ce blé doit être vendu en France

à un prix minimum de 23,28 fr. le quintal, soit de
18,65 fr. l'hectolitre, pour couvrir les frais de l'agriculteur. Observons au surplus que nous donnons ici le
chiffre le moins élevé, celui de M. John Clay Junior. Car
celui de MM. C. Read et A. Peel est de 24,45 fr. le quintal rendu à Liverpool, ce qui équivaut à 19,56 fr. l'hectolitre. L'agriculture française pourrait donc vendre son
blé au prix de 18,50 fr. l'hectolitre sans avoir à redouter
la concurrence des Etats-Unis. Mais il y a plus, il faut
encore se placer à un autre point de vue pour se rendre
compte de la véritable situation de l'Union Américaine
et comprendre combien peu elle est en état d'écraser
l'Europe. La crise agricole et la crise industrielle ont
sévi sur elle comme sur les autres nations. Ces crises
sévissent même sur elle avec plus d'intensité. Beaucoup
de fermiers, couverts de dettes et ne trouvant pas un
prix rémunérateur dans la culture du blé, sont expro-
priés, et un grand nombre de maisons, qui s'adonnent
au commerce des céréales tombent en faillite. Le salaire
est très élevé et le travail de plus en plus rare, la récente
tentative d'expulsion des Chinois le prouve surabon-
damment. Enfin, le socialisme importé par les émigrants
allemands a fait des progrès considérables et trouble
profondément l'état de la société. Les grèves son fré-
quentes et frappent même les chemins de fer. Dans ces
conditions, l'industrie suspend le travail, ferme ses usines
ou fait faillite. M. Mac-Culloch, secrétaire d'Etat aux
finances, nous le dit: « La pléthore des produits manufac-
turés a réduit notre industrie à la détresse. Quelques
Compagnies ont fait faillite, d'autres ont dû arrêter leurs

usines, d'autres encore ne font plus travailler qu'une partie de la semaine; la conséquence est le chômage d'un très-grand nombre d'ouvriers ou des salaires tellement insuffisants qu'ils leur permettent à peine de vivre décemment. »

Nous voilà donc complétement rassurés sur la concurrence des Etats-Unis. Quant aux Indes, nous n'ajouterons rien à ce que nous avons dit. La production de ce pays est si faible en égard à sa population toujours croissante, elle est si peu régulière étant données les intempéries du climat qui provoquent les famines, et enfin ses exportations sont si rares et si peu importantes qu'il n'y a pas lieu de nous en préoccuper davantage.

Cependant c'est dans la concurrence étrangère qu'on a vu la cause de la crise agricole en France et un gouvernement démocratique s'est avisé de demander l'élévation des tarifs douaniers comme un remède unique et infaillible.

Les droits protecteurs! Lorsqu'il s'agit du blé « la faim domine. » Ce mot a été dit depuis longtemps et il est juste. Il n'est pas permis en effet d'entraver la consommation et de créer une barrière entre « l'aliment qui cherche la bouche et la bouche qui appelle l'aliment » (1). C'est porter atteinte à la vie. La surélévation des droits sur les céréales profite aux agriculteurs qui sont en même temps vendeurs de blé, mais elle a pour effet, en encourageant la routine, de retarder le

____

(1) F. Passy.

progrès agricole, et en augmentant le prix du pain, d'écraser d'autant plus le pauvre qu'il aura à sa charge une famille plus nombreuse. L'agriculture comprend trois grands groupes : le groupe des grands propriétaires, le groupe des fermiers grands et petits, et le groupe des petits cultivateurs. Celui-ci travaille de ses mains, arrose la terre de ses sueurs et possède assez de terres pour se nourrir ; c'est ce groupe qui donne à notre armée ces soldats sobres, patients, forts, résistants et infatigables, il comprend les 75 centièmes de l'atelier agricole. La population rurale représente la moitié de la population totale, soit 18.249.909 habitants. L'examen des cotes foncières démontre que le groupe des petits cultivateurs possédant moins de 6 hectares est des $^9/_{10}$. Il reste donc 1.500.000 cotes foncières comprenant les propriétaires et les fermiers. Les petits cultivateurs paieront le droit protecteur ou dans tous les cas, n'en bénéficieront pas, selon qu'ils produiront une quantité inférieure ou égale à leur consommation. Quant aux fermiers et aux propriétaires qui seuls auront du blé à vendre, seuls, ils profiteront de l'augmentation du droit. Mais le fermier n'en profitera pas longtemps, car le propriétaire élévera son bail en même temps que la valeur de sa propriété haussera. En un mot, la surélévation des droits sur les blés est contraire aux intérêts des petits cultivateurs, car elle éléve leurs dépenses quand ils ne produisent pas assez, tandis qu'elle augmente les revenus des grands propriétaires d'autant plus que leurs récoltes sont plus importantes.

Mais l'influence des droits protecteurs s'étend plus

loin. Elle augmente le prix du pain, cette denrée essentielle à l'existence, et occasionne ainsi un sérieux préjudice à l'industrie. Car l'ouvrier dont les dépenses sont augmentées, qui ne peut plus nourrir sa famille, demandera une élévation de salaire. Examinons avant d'aller plus loin, l'efficacité du droit protecteur sur le prix du blé. Dans quelles proportions ce droit agira-t-il? Nous croyons qu'il se réglera d'après la quantité de nos importations et que si par exemple, la France, produisant 100 millions d'hectolitres, en importe 10 millions, qui subiront un droit de 3 fr., il y aura là 30.000.000 de francs payés en douane par les importateurs, qui viendront se répartir également et s'ajouter au prix des 100 millions d'hectolitres produits par la France. Le prix du blé augmenterait ainsi d'environ 0,37 centimes. Dans quelles circonstances le droit sera-t-il efficace? Il le sera dans les années moyennes. Dans les bonnes années productrices, nos bas prix éloigneront l'importation et le droit n'agira pas. Mais dans les années mauvaises, quand nos prix seront élevés, le droit aura alors sa pleine efficacité, et si, à cette efficacité viennent se joindre la rareté de la marchandise et l'intervention de la spéculation, ce jour là, les droits protecteurs auront produit leur grand effet: la disette surgira, on s'empressera de proclamer la liberté des blés, mais il sera trop tard, l'agriculteur sera découragé et la population affaiblie travaillera moins.

En effet, ce n'est pas vainement que, par des actes arbitraires, on ramène la rareté là où le génie de l'homme et la civilisation ont produit l'abondance. Il convient aussi d'ajouter, que la campagne protectionniste a presque toujours pour but, non seulement de satisfaire les intérêts des grands propriétaires, ce que nous avons déjà démontré, mais encore de satisfaire les ambitions d'un groupe politique. M. de Villèle, sous le règne de Louis-Philippe, ne craignit pas de dire à M. le Duc Decazes: «Oui, j'entends enrichir un certain genre de propriétaires, parce qu'ils constituent notre base électorale. J'ai devant moi de grands propriétaires du sol, eh bien! je veux que ces grands propriétaires soient liés davantage à la dynastie actuelle, par les intérêts que nous favoriserons sous forme de droits sur les blés.» Où trouverait-on un aveu plus complet des odieux abus qu'entraîne le système protecteur?

Eh bien, voilà des principes que le bon sens impose, des enseignements que l'expérience révèle, et ni ces principes ni ces enseignements, ni les savantes et éloquentes discussions des éminents économistes, MM. Léon Say et F. Passy, n'ont trouvé auprès des Chambres françaises l'accueil qu'ils méritaient. Nos blés, notre orge, notre seigle, notre avoine, notre bétail ont été impitoyablement frappés d'impôts. Cependant nos produits ne méritaient pas une semblable rigueur. Durant la période de 1876 à 1884, l'orge a été cultivé sur une étendue moyenne de 1.039.878 hectares et a donné un rendement moyen de 14,47 hectolitres à l'hectare. On en a exporté en 1884 1.198.750 hectolitres. La France produit des orges de première qualité. Pendant la même période, le seigle a été cultivé sur une étendue moyenne de 1.804.602 hectares et a donné un rendement moyen de 12,01 hectolitres à l'hectare. La quantité de seigle récoltée en 1884 était de 31.060.000 hectolitres, l'exportation était de 1.250.000 hectolitres environ et les importations se chiffraient par dizaines de mille. N'oublions pas que le seigle est encore la base de l'alimentation du pauvre.

C'est pourquoi, nous déplorons l'attitude des Chambres françaises et nous ne savons pas ce qu'il faut le plus blâmer en elles, si c'est l'indifférence ou l'indécision. Le but que l'on poursuit est certainement louable, on veut sauver l'agriculture en danger, mais on voit le danger dans la concurrence étrangère, et ce n'est pas là qu'il est, on veut appliquer le remède des droits protecteurs, et ce remède est inefficace.

Cependant, en présence d'un semblable affolement, nous sommes encore heureux de constater que quelques personnes ont su résister à l'entraînement général. Un financier distingué, un député de talent, l'honorable M. Germain, eût le courage de vouloir endiguer le torrent. Il présenta un projet qui avait pour but de supprimer l'impôt foncier et d'y substituer une augmentation de l'impôt sur l'alcool. Ce projet, qui bien certainement aurait contribué à consolider le régime républicain, avait le réel mérite de supprimer une des nombreuses charges qui pèsent sur l'agriculture et de stimuler l'abaissement du prix de revient. Il avait aussi l'avantage de prendre la ressource nécessaire sur un aliment nuisible à la santé publique, sans porter préjudice à la production de cet aliment et en permettant de combler le déficit du budget.

Ces avantages étaient-ils à dédaigner? Non. Car nous n'ignorons pas que l'agriculture paie 611.434.420 fr. de contributions, soit 25 %, de son revenu, qui est de 2 milliards 645 millions, tandis que la propriété urbaine ne paye que 17 %, la propriété mobilière 4 %, et le commerce et l'industrie 13 %. L'agriculture anglaise ne supporte qu'une charge de 17 %. En France, les 118.600.000 fr. de notre impôt foncier sont répartis en 14.264.000 cotes: 8.585.324 n'atteignent pas 2,50 fr.; 1.841.000 sont de 3,50 à 5 fr.; 1.505.000 de 5 à 10 fr., et 162.000 dépassent 100 fr. Ces dernières cotes correspondent à 19 millions d'hectares, plus des ²/₅ de la propriété foncière qui est de 50.035.150 hectares; on estime enfin qu'il existe trois cotes par propriétaire. Telles sont les charges qui pèsent sur l'agriculture française; il n'est pas possible de nier que la suppression de l'impôt foncier ne les eût diminuées.

Nous ne craignons pas d'affirmer que cette réforme eût donné une large satisfaction à l'agriculture, et nous n'hésitons pas à penser qu'un Gouvernement, qui se fût trouvé dans une situation financière plus satisfaisante, aurait accueilli le projet avec enthousiasme, surtout à la veille d'une période électorale.

Quant à l'impôt sur l'alcool, il ne présentait aucune difficulté et il eût tenu ses promesses. Car en 1850 on percevait un droit de 37 fr. par hectolitre sur 585.000 hectolitres d'alcool; en 1855, 60 fr. sur 714.000 hectolitres; en 1860, 90 fr. sur 1.000.000 d'hectolitres; en 1875, 156 fr. sur 1.019.000 hectolitres, et la production s'était, malgré ces droits, élevée en 1884 à 1.488.000 hectolitres. Nous disons 1.488.000 quoique, en 1884, la production ait été de 2.011.016 hectolitres; mais la différence échappa à la perception. On peut estimer, en effet, que la consommation de l'alcool en France dépasse 3 millions d'hectolitres et que plus de la moitié de cette quantité échappe à l'impôt. La consommation par an et par habitant est de 7 litres, et la moyenne frappée par l'impôt n'est que de 4 litres. Enfin le droit, en Angleterre, est de 477 fr.; en Russie, de 455 fr.; en Norwège, de 252 fr.; aux Etats-Unis, de 245 fr., et en Hollande, de 232 fr. Il figure dans les recettes du budget, en France, pour 8 $^0/_0$; en Hollande, pour 10 $^0/_0$; en Angleterre, pour 17 $^0/_0$; en Russie et aux Etats-Unis, pour 21 $^0/_0$. Ainsi, la France est la nation la moins imposée en matière d'alcool.

Quelque pratique et quelque séduisant que fût le projet de l'honorable M. Germain, la Chambre des Députés ne l'accueillit pas et il en fut de même pour un projet très intéressant de l'honorable M. Jametel. Il est vrai que ce dernier projet comportait l'établissement de droits protecteurs sur le maïs ; mais qu'y avait-il d'anormal à demander l'établissement de ces droits à une Chambre qui avait déjà imposé le blé, le seigle, l'orge et l'avoine? Le maïs n'est pas un objet de consommation aussi précieux que le blé et le seigle, car les quantités qui s'en consomment aujourd'hui en France sont bien minimes. D'ailleurs le projet de M. Jametel favorisait l'élevage du bétail en France, il assurait en même temps la vente du maïs, et la Chambre des Députés brûlait du désir de sauver l'agriculture en danger! Disons quelques mots de ce projet.

Le procédé de distillation qui consiste dans la fer-

mentation naturelle des farineux, le maltage, permet
d'utiliser les matières premières à pied d'œuvre et assure
la production des matières nécessaires à la consommation du bétail. Il procure du travail aux ouvriers pendant la morte saison et permet de produire des fumiers
abondants et riches. A l'aide des produits de la distillation par le maltage, on peut nourrir un bœuf moyen-
nant 1,46 fr. par jour, tandis que par le système de
l'alimentation ordinaire, la nourriture coûtera 2,24 fr.
Le fumier, qui provient des résidus de la distillerie, peut
être évalué de 15 à 16 fr. les 1.000 kilogrammes, tandis
que celui qui provient de l'alimentation ordinaire vaut
25 fr. On économise ainsi 58,50 fr. pour la culture d'un
hectare et 125 fr. pour sa fumure. L'engraissement des
bêtes est plus facile par les procédés de distillation, la
production du lait augmente, les rendements de la terre
sont plus considérables et le prix de revient de 100 kilogrammes de blé peut dans une période de cinq ans diminuer notablement. Tel est le résultat que l'on pourrait
retirer de la distillation.

Il existe en France 400 distilleries agricoles ou industrielles qui produisent 1.386.962 hectolitres d'alcool
environ par an, mais le droit d'entrée de 30 fr. qui frappe
les alcools ne favorise que les distilleries industrielles
qui, placées en grande partie dans les ports de mer, se
procurent à bon marché du maïs d'Amérique.

Le nombre des distilleries en Allemagne est de 4.000.
Elles sont placées dans les exploitations agricoles et
distillent des pommes de terre, des graines indigènes,
des grains étrangers, des riz, des mélasses, des bette-

raves, du maïs. Elles produisent 4 millions d'hectolitres dont 1 million est exporté. Voici le système qui favorise cette production. L'impôt sur l'alcool est de 34,10 fr., mais en réalité le distillateur agricole ne paye que 13,92 fr., le distillateur industriel 16,70 fr., et lorsque l'alcool est exporté, on rembourse 20,17 fr. par hectolitre à la frontière, si bien que le distillateur agricole perçoit une prime de 6,25 fr. et l'industriel une de 3,47 fr. L'impôt de 34,10 fr. n'est perçu que lorsque l'alcool est vendu à l'intérieur. Le droit de douane est de 53 fr.: il est question de le porter à 80 fr. et d'élever la prime de sortie à 25 fr. Tel est le systéme adopté en Allemagne, en Autriche et en Belgique pour favoriser la production de l'alcool et maintenir la prospérité de l'agriculture. Ainsi, grâce aux résidus de la distillerie, l'Allemagne nourrit 757.000 têtes de bétail et dépense 43.750.000 fr. en main d'œuvre de culture, tandis que la France ne peut nourrir que 87.000 têtes de bétail et ne dépense en main d'œuvre de culture que 5.860.000 fr.

Si un système semblable était adopté en France, l'agriculture cultiverait les matières premières de la distillation, occuperait un plus grand nombre d'ouvriers, augmenterait le rendement de ses terres, pourrait engraisser un grand nombre de têtes de bétail et réaliser ainsi de gros bénéfices.

Quoi qu'il en fût de cette prospérité, que l'honorable M. Jametel promettait à l'agriculture, la Chambre des Députés ne se déclara pas convaincue.

La discussion du projet de loi fut bientôt portée au Sénat, et devant cette Assemblée respectable, composée

d'hommes de talent, une voix autorisée se fit entendre et
déchira le voile de la situation. Dans un discours éloquent, bien nourri et plein de pensées élevées, l'honorable
M. Léon Say fit toucher du doigt la véritable cause de
la crise agricole. Il exposa les modifications apportées
à l'état social par le progrès des sciences, et les conséquences qui résultaient de la rupture d'équilibre, que ce
nouvel état de choses avait créé. Il examina l'attitude
de l'industrie et de l'agriculture et démontra que l'industrie, se conformant aux lois du progrès et utilisant
les découvertes scientifiques, avait abaissé son prix de
revient et profité de la réduction de l'intérêt pour augmenter le salaire de ses ouvriers. L'agriculture, au contraire, trop confiante en elle-même et illusionnée par sa
prospérité, avait négligé de se préparer pour la lutte à
venir, elle avait gaspillé son capital et ne se trouvait
plus aujourd'hui en état de résister aux conséquences
de la rupture d'équilibre. La diminution de l'intérêt qui
avait favorisé l'industrie, s'imposait à elle et occasionnait une crise des fermages. L'honorable M. Léon Say
termina son discours en démontrant que le remède proposé par le Gouvernement n'aurait aucune efficacité et
en indiquant la nature du secours qu'il fallait porter à
l'agriculture. Le Sénat, nous le disons avec regret,
confirma malgré tout l'œuvre de la Chambre des Députés.

Eh bien, le moment est venu de nous demander, si
les droits protecteurs ont soulagé l'agriculture et si la
situation de cette dernière s'est améliorée. Hélas! la
situation de l'agriculture n'a point changé. Le prix du

blé est resté à peu près le même, la crise subsiste,
l'agriculture souffre, et cependant il serait temps de
voler à son secours. Nous connaissons le mal qui la
ronge, nous savons qu'elle souffre d'une crise des fermages et que la concurrence étrangère n'est qu'une
conséquence de cette crise. Une conséquence heureuse,
dirons-nous en terminant, car elle nous affranchit des
disettes et nous assure le bon marché du pain. Il est
d'ailleurs inutile de réagir contre les progrès de la
science et de chercher à augmenter la cherté de la vie
en relevant les prix; toutes les nations sont aujourd'hui
voisines, on ne renversera pas cet état de choses, il
faut l'accepter et s'en féliciter.

On trouverait la solution du problème dans les
lignes suivantes que nous empruntons à l'honorable
M. Germain (1), dont les opinions nous inspirent une
confiance sans bornes et qui s'est révélé avant ce jour,
comme un homme profondement versé dans la science
des finances, comme un réformateur d'un sens pratique
et d'une sûreté de jugement à toute épreuve: «C'est par
la diminution des frais généraux, c'est à dire des impôts, et par l'abondance des capitaux donnés, à bas
prix, à l'agriculture, que nous devons nous efforcer de
développer la production de la terre et de relever la
valeur du sol, en même temps que son revenu. Se figu-
-re-t-on le changement qu'apporterait à l'agriculture la
diminution annuelle de 500 millions de dépenses et la
restitution au sol de 7 à 800 millions de capitaux? Qui

---

(1) *Discours parlementaires*, préface.

pourrait dire ce que produirait la terre française, avec sa population laborieuse et économe, le jour où elle aurait en abondance le fonds de roulement qui lui manque? A quel taux se vendrait cette terre quand elle n'aurait plus la concurrence des titres émis pour le compte de l'Etat? Les champs ne retrouveraient-ils pas les bras qui leur font défaut quand on aurait fermé les chantiers improductifs ouverts en ce moment sur toute la surface du territoire?

» Oui, c'est dans la bonne gestion des finances de l'Etat, que l'agriculture trouvera le seul remède efficace aux souffrances dont elle gémit. C'est l'Etat qui seul peut lui rendre les capitaux et les bras qui lui ont été enlevés; alors l'agriculture reprendra sa marche ascendante et les millions d'hommes qui possédent le sol de la France retrouveront leur revenu et leur capital.

» Les recucils où sont inscrits les budgets des divers peuples nous donnent de précieux enseignements sur la question des impôts. Là encore nous retrouvons la même tendance: partout est admis le principe de la proportionnalité de l'impôt: en même temps et avec une égale énergie est reconnue la nécessité d'exclure dans la perception tout arbitraire et toute inquisition. C'est ce qui ressort avec évidence de l'étude des faits; il se dégage de la législation actuelle des peuples un certain nombre de règles en matière d'impôts: je vais essayer de les résumer. Les impôts de consommation qui jouent un rôle de plus en plus considérable si l'on compare leur produit à celui des impôts directs, ne doivent pas porter sur les objets nécessaires à la vie, ils doivent grever d'abord les substances inutiles ou nuisibles à la santé, puis frapper les aliments dont la consommation croît avec l'aisance du contribuable. Si nous appliquons ces règles à la législation française, nous trouvons qu'il faut faire disparaître l'impôt du sel et taxer au maximum le tabac et l'alcool. Le tabac produit actuellement, déduction faite des frais de perception, 300 millions de francs par an, on peut probablement lui demander un faible supplément de rendement, mais c'est à l'alcool qu'on doit s'adresser surtout pour obtenir non seulement les sommes nécessaires pour équilibrer le budget et le doter d'un amortisement mais encore pour faire disparaître les plus mauvais impôts.

» Pour ne citer que deux exemples des impôts qu'il faut modifier n'est il pas urgent d'abaisser dans une large mesure les droits de transmission d'immeubles à titre onéreux et la perception des droits de succession ne doit-elle pas s'exercer sur le net, au lieu de porter sur le brut de l'actif?

»Lorsque dans une foule de pays, aussi bien en Amérique qu'en Angleterre et en Russie, on demande à l'alcool 15 à 20 pour 100 des recettes du budget, pourquoi en France ne lui demande-t-on que 8 pour 100?»

M. Germain ajoute qu'en réduisant les dépenses de 500 millions et en demandant à l'alcool 300 millions de plus, on pourrait facilement accomplir toutes les réformes que comporte le remaniement des impôts, notamment la suppression de l'impôt foncier pour une somme de 118.600.000 francs.

Nous nous associons pleinement à ce programme et

nous en souhaitons à la France la plus prompte réalisation.

En attendant cette heure de relèvement et de prospérité, en attendant que l'Etat puisse la dégrever des charges qui pèsent sur elle, lui fournir à bon marché les capitaux qui lui sont nécessaires et lui prodiguer l'enseignement pratique, que l'agriculture française adopte sans hésitation le semoir en lignes, qu'elle fasse choix d'une bonne semence, qu'elle réserve à la culture du froment les terres particulièrement aptes à le porter et elle verra ses rendements s'élever sans dépenses. Au surplus, les phosphates de chaux naturels sont aujourd'hui très-employés en agriculture et la France possède de riches gisements de ces matières utiles dans le Cher, les Ardennes, l'Auxois, l'Yonne, le Midi et l'Indre. Que l'agriculteur emploie ces engrais en couverture et il fera rendre au sol, sans augmentation de main d'œuvre, un tiers en plus qu'il ne rendrait sans cela. Une dépense en engrais de 60 à 80 fr. par hectare fournira facilement une plus-value de récolte de 8 à 10 hectolitres.

Madrid, 19 *Avril* 1886.

Production, importation, exportation et consommation du froment en France de 1821 à 1884.

ANNÉES.	HECTARES ENSEMENCÉS.	HECTOLITRES RÉCOLTÉS.	RENDEMENTS PAR HECTARE. (Hectolitres.)	PRIX DE L'HECTOLITRE Francs. Cs.	IMPORTATIONS. (Hectolitres.)	EXPORTATIONS. (Hectolitres.)	(1) CONSOMMATION. (Hectolitres.)
1821	4.753.079	58.219.268	12.25	17.79	541.760	56.227	58.704.801
1822	4.797.810	50.856.707	10.60	15.49	868	64.201	50.793.374
1823	4.854.816	58.676.862	12.08	17.52	1.103	80.090	58.597.875
1824	4.884.232	61.788.972	12.65	16.22	1.117	193.558	61.596.531
1825	4.854.169	61.035.177	12.57	15.74	845.083	710.756	61.169.454
1826	4.895.088	59.631.917	12.18	15.85	80.004	481.255	59.230.706
1827	4.902.981	56.785.944	11.58	18.20	29.045	188.224	56.626.265
1828	4.948.130	58.823.512	11.80	22.03	571.291	181.586	59.213.217
1829	5.024.488	64.285.521	12.79	22.59	821.379	191.544	64.915.356
1830	5.011.704	52.782.008	10.53	22.39	973.096	125.069	53.630.035
1831	5.111.155	56.429.694	11.04	22.10	548.996	207.379	56.771.311
1832	5.159.759	80.089.016	15.52	21.85	3.978.433	206.876	83.861.073
1833	5.242.779	66.073.141	12.60	15.62	5.667	228.915	65.849.893
1834	5.302.748	61.981.226	11.68	15.25	412	244.233	61.737.405
1835	5.338.048	71.697.484	13.43	15.25	409	240.241	71.458.152
1836	5.284.807	63.583.725	12.03	17.32	196.005	288.171	63.491.559
1837	5.407.868	67.915.534	12.56	18.53	158.457	435.571	67.638.420
1838	5.460.749	67.743.571	12.41	19.31	89.563	594.015	67.239.119
1839	5.489.988	64.935.732	11.82	22.14	1.092.749	812.087	65.216.394
1840	5.531.782	80.880.431	14.62	21.84	1.997.499	187.438	82.690.492
1841	5.562.668	71.463.683	12.67	18.54	138.984	776.316	70.826.351
1842	5.576.110	71.314.220	12 79	19.55	500.360	777.843	71.037.237
1843	5.664.105	73.650.509	13 »	20.46	1.800.203	264.009	75.186.703
1844	5.679.337	82.454.845	14.52	19.75	2.200.688	347.145	84.308.388
1845	5.743.135	71.963.280	12.58	19.75	665.756	400.870	72.228.666
1846	5.936.908	60.696.968	10.23	24.05	4.372.880	127.051	64.942.797
1847	5.979.311	97.611.140	16.32	29.01	3.695.949	180.779	101.126.310
1848	5.973.877	87.994.435	14.73	16.05	1.111.856	1.752.299	87.353.992
1849	5.966.153	90.761.712	15.21	15.37	4.023	2.695.545	88.070.190
1850	5.951.384	87.986.788	14.78	14.32	761	3.968.784	84.018.765
1851	5.999.376	85.986.232	14.33	14.48	91.157	4.447.448	81.629.941
1852	6.090.049	86.065.386	14.13	17.23	138.215	2.156.133	84.047.468
1853	6.210.605	63.709.038	10.26	22.39	4.276.917	969.572	67.016.383
1854	6.408.238	97.194.271	15.17	28.82	5.009.767	283.048	101.970.990
1855	6.419.330	72.936.726	11.36	20.82	3.293.083	179.773	76.050.036
1856	6.468.236	85.808.953	13.19	30.75	7.870.449	157.433	93.021.969
1857	6.593.530	110.426.462	16.75	21.34	3.920.168	386.063	113.960.567
1858	6.639.688	109.989.747	16.56	16.75	1.846.017	6.338.252	105.497.512
1859	6.709.278	87.545.960	13.05	16.74	1.418.252	7.981.036	80.983.176
1860	6.711.298	101.573.625	15.13	20.24	737.789	4.697.419	97.613.695
1861	6.754.227	75.116.287	11.12	24.55	13.600.892	1 182.232	87.534.947
1862	6.881.618	99.292.224	14.43	28.24	6.238.151	542.540	104.987.835
1863	6.918.768	116.781.794	16.88	19.78	2.448.925	815.003	118.415.716
1864	6.889.073	111.274.018	16.15	17.58	809.528	1.993.951	110.089.595
1865	6.904.892	95.751.609	13.84	16.41	340.735	4.657.673	91.434.671
1866	6.915.565	85.131.455	12.33	19.61	885.989	6.628.704	79.338.740
1867	6.960.425	83.005.739	11.92	26.19	9.083.869	557.883	91.531.725
1868	7.062.811	116.783.000	16.58	26.64	11.082.299	667.412	127.147.885
1869	7.034.087	107.941.553	15.34	20.33	1.845.492	874.192	108.912.853
1870	»	»	»	»	»	»	»
1871	6.397.801	72.806.067	11.38	25.65	13.841.879	149.489	86.497.957
1872	6.867.152	119.084.990	17.33	23.15	5.641.611	4.088.227	120.588.374
1873	6.966.419	83.861.193	12.04	25.62	6.902.702	2.863.363	87.900.532
1874	6.944.614	136.867.798	19.64	25.11	10.912.844	2.193.827	145.086.815
1875	6.976.115	101.690.385	14.57	19.32	4.709.549	6.283.976	100.115.958
1876	6.873.267	98.665.499	14.35	20.59	7.114.135	3.205.993	102.573.641
1877	6.948.154	100.804.328	14.50	28.44	4.642.727	4.961.370	100.485.685
1878	6.955.360	96.446.298	13.65	21.25	17.345.888	120.595	113.671.591
1879	6.929 306	80.899.123	11.67	22.12	29.720.291	343.183	110.276.231
1880	6.879.875	99.471.559	15.50	22.19	26.665.916	118.588	127.101.174
1881	6.959.114	96.810.356	13.90	22.20	17.450.329	304.548	113.961.864
1882	6.907.792	122.153.524	17.70	21.60	17.219.484	111.725	139.261.283
1883	3.803.821	103.753.426	15.20	18.70	13.456.505	137.938	117.071.993
1884	6.976.208	111.141.845	15.90	16.50	12.647.091	»	»

(1) La consommation est calculée d'après la quantité de production augmentée des importations et déduction faite des exportations.

Relevé des productions de froment dans divers pays.

PAYS.	HECTARES ENSEMENCÉS.	HECTOLITRES RÉCOLTÉS.	RENDEMENTS PAR HECTARE (Hectolitres.)
1880			
France.....	6.879.875	99.471.559	15.50
Hongrie....	»	27.950.000	»
Angleterre..	1.226.358	22.783.432	18.57
1881			
France.....	6.959.114	96.810.356	13.90
Hongrie....	»	31.310.000	»
Angleterre..	1.187.841	25.297.306	21.30
1882			
Etats-Unis.	14.826.878	182.767.800	12.32
France.....	6.907.792	122.153.524	17.70
Hongrie....	2.494.442	46.430.000	18.61
Angleterre..	1.266.654	29.275.500	23.11
Australie...	1.373.602	11.545.886	8.40

PAYS.	HECTARES ENSEMENCÉS.	HECTOLITRES RÉCOLTÉS.	RENDEMENTS PAR HECTARE (Hectolitres.)
1883			
Etats-Unis..	13.582.237	153.064.819	11.27
France.....	6.803.821	103.753.426	15.20
Hongrie....	2.605.477	31.908.000	12.25
Angleterre..	1.085.313	24.589.117	22.65
Allemagne..	1.000.000	17.184.560	17.18
Australie...	1.469.094	16.362.652	11.13
1884			
Etats-Unis..	15.790.354	186.378.445	11.80
France.....	6.976.203	111.141.845	15.90
Hongrie....	2.701.020	37.782.731	13.98
Angleterre..	1.100.235	27.921.078	25.37
Allemagne..	1.000.000	20.437.500	20.44

| Importations de blés des Etats-Unis en France et en Ang'eterre. | | | Importations de blés des Indes en France et en Angleterre. | | |
ANNÉES.	FRANCE. (Hectolitres.)	ANGLETERRE. (Hectolitres.)	ANNÉES.	FRANCE. (Hectolitres.)	ANGLETERRE. (Hectolitres.)
1871	968.501	8.313.270	1871	»	»
1872	245.457	5.459.685	1872	»	»
1873	810.715	12.524.290	1873	»	»
1874	1.356.326	14.621.423	1874	56.146	683.142
1875	7.532	14.884.916	1875	72.541	846.853
1876	152.015	12.243.298	1876	164.008	2.080.678
1877	253.295	13.267.685	1877	116.597	3.872.820
1878	7.038.871	18.367.637	1878	99.565	1.154.120
1879	16.506.795	22.822.785	1879	»	562.862
1880	15.549.376	22.894.510	1880	439.915	2.059.968
1881	7.912.883	22.861.652	1881	1.793.816	4.636.546
1882	6.745.593	22.240.947	1882	1.975.188	5.377.900
1883	4.534.130	16.510.512	1883	2.119.551	7.132.592
1884	3.711.387	14.340.762	1884	2.025.240	5.081.286

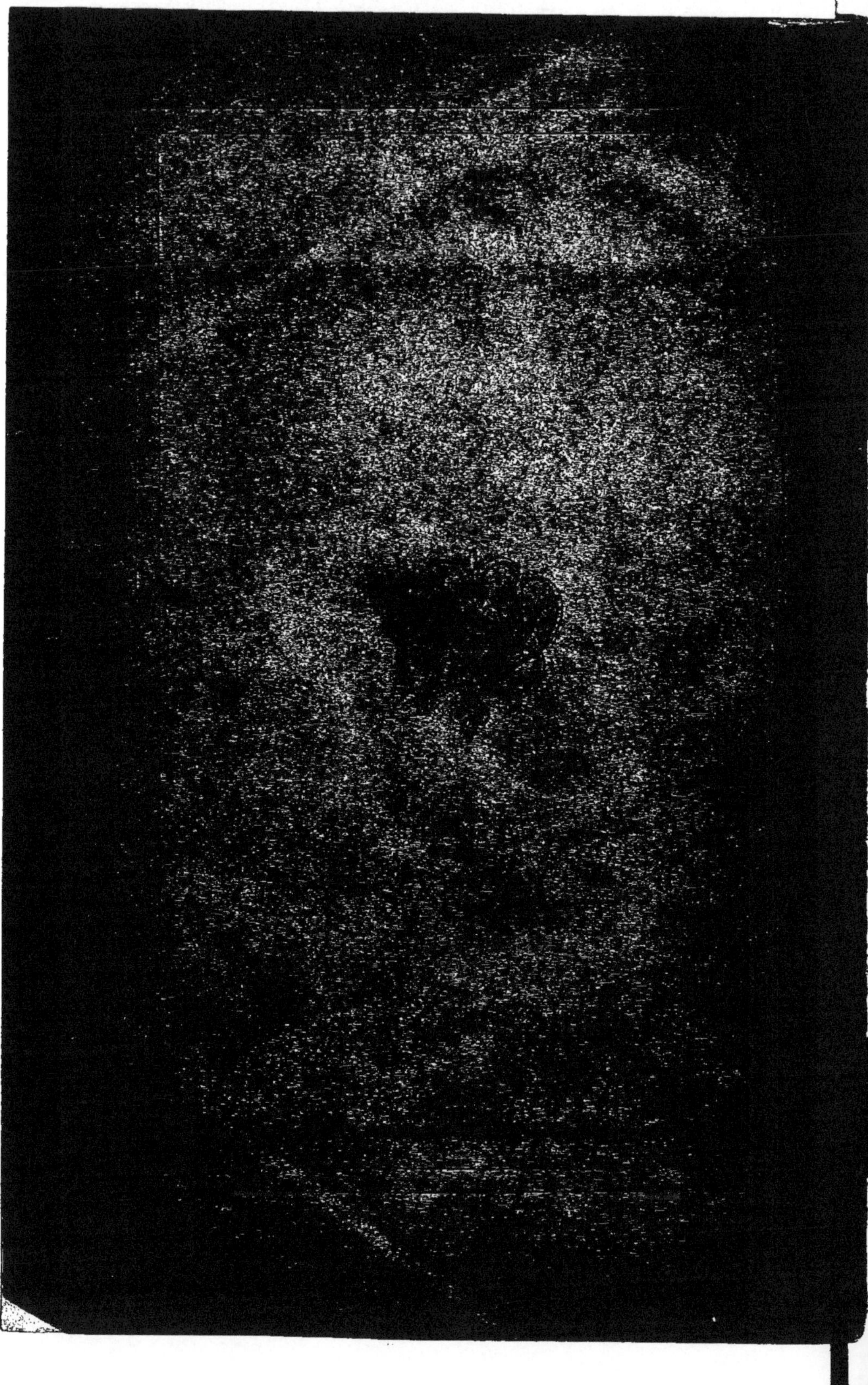

9 782329 006093